RÉCRÉATION
AU
JARDIN-DES-PLANTES.
PAPETERIE CLASSIQUE
de A. MAUGARS,
rue Ste-Croix-de-la-Bretonnerie,
32, à Paris.

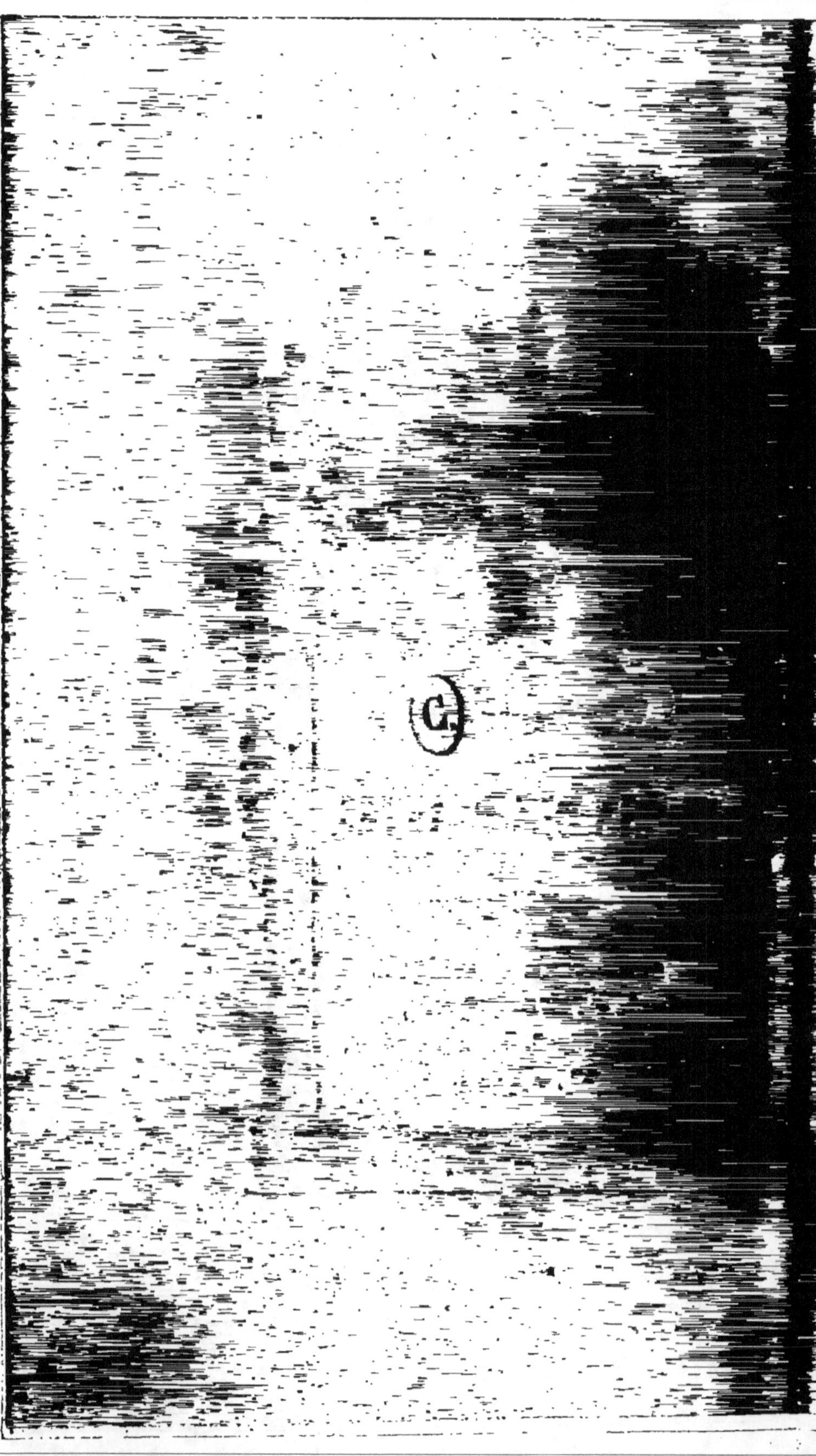

LE

JARDIN DES PLANTES.

PAPETERIE CLASSIQUE
de A. MAUGARS,
Rue Ste-Croix-de-la-Bretonnerie, 32,
A PARIS.

1844

Chaque Exemplaire sera revêtu de ma griffe.

LE

JARDIN DES PLANTES.

Mes chers enfans, voici le retour du printems; l'hiver a cessé d'attrister la nature. Profitons donc de ce réveil enchanteur pour aller respirer les parfums des fleurs et contempler tous les dons de notre divin Créateur· Le Jardin-des-Plantes !... A ce nom magique, tous vos regards pétillent de plaisir ; le Jardin-des-

Plantes, selon ma promesse, sera le but de notre promenade! N'oubliez pas vos albums, vos crayons, vos cahiers, vos excellentes plumes métalliques. Le plaisir qui instruit est un double plaisir. La jeunesse passe vîte; heureux les enfans qui savent butiner pour l'avenir!

Chemin faisant, je vais vous dire quelques mots sur l'origine de ce véritable paradis terrestre.

Louis XIII fonda le Jardin-des-Plantes en 1625. Guy de la Brosse, Duverney, Tournefort, Vaillant, Bernard de Jussieu, Dufay et d'autres savans, d'autres bienfaiteurs de l'humanité, concoururent à la prospérité de ce merveilleux établissement, avant que l'immortel Buffon en devînt le directeur, en 1739. Ce célèbre historien de la nature fut dignement se-

condé par Daubenton, Antoine de Jussieu, Winslow, Petit, Faujas de St-Fond,
Van Spaendouck, Desfontaines, Fourcroy
et Portal.

Premier consul et empereur, Napoléon
favorisa cet établissement national. La
restauration encouragea les travaux des
Cuvier, des Geoffroy-de-Saint-Hilaire ;
des de Jussieu et des Duméril. Depuis
1830, grâce à la munificence des cham-
bres législatives, une nouvelle galerie ;
une école de botanique agrandie et de
nouveaux terrains ont pu faire, du Jardin-
des-Plantes, le plus vaste, le plus ma-
gnifique monument de ce genre en Europe.

Mais onze heures sonnent; la ménagerie va s'ouvrir, passons vîte le pont
d'Austerlitz.... Ce nom doit vous rappeler

une des plus grandes victoires de Napoléon.

Sentez-vous une odeur sauvage, nauséabonde? Nous voilà, à n'en point douter, devant les grilles qui domptent la force et la rage. Quels hurlemens affreux, quels rugissemens prolongés! Contemplons à loisir, sans crainte, les terribles hôtes des déserts et des sables brûlans de l'Afrique, des montagnes de l'Asie, des antres du nord de l'Europe ou des profondes solitudes de l'Amérique. Tout ce qu'il y a de plus dangereux, de plus effrayant au monde est ici réuni.

Examinons d'abord les *hyènes*, qui glacent d'effroi avec leurs yeux sanguinolens. Elles se défendent du lion, affrontent la panthère, et se nourrissent de cadavres de toute espèce.

Que le *lion* est bien le roi des animaux ! A-t-il l'air hardi, fier, intrépide !
Sa belle crinière, caressée par le soleil,
ne semble-t-elle pas jeter des étincelles ?
Eh bien ! cet animal, dont la colère est si
redoutable, est sensible aux bienfaits et
n'en perd jamais le souvenir. L'histoire
est pleine d'exemples qui prouvent cette
assertion.

Le *jacard* ou *jakal* joint à la bassesse
du loup l'impudence du chien, aboie,

hurle et fait la chasse au gibier et à la volaille. C'est le corbeau des quadrupèdes; la chair la plus infecte ne le dégoûte pas.

Entendez-vous cette voix rauque? C'est celle de la *panthère*. Quel air féroce! quel œil inquiet! quel regard cruel! quels brusques mouvemens! Elle est si agile qu'elle grimpe sur les arbres; quand elle tient un animal, elle semble prendre plaisir à le déchirer.

Promenez vos regards sur sa belle peau fauve et lisse, semée de taches noires arrondies en anneaux, ou réunies en forme de roses; ne prendrait-on pas sa queue qui se déroule et traîne pour un serpent marbré.

Je regrette, mes enfans, de ne pouvoir vous faire admirer le tigre royal, le léopard et l'once qui est plus petit que la panthère. Pour le moment, ces animaux de la même famille manquent à la ménagerie. Vous les verrez empaillés dans le cabinet d'histoire naturelle.

Ne nous arrêtons pas trop long-tems à considérer les ours et leurs énormes bras armés d'ongles, forts et recourbés ; car, aux fosses, nous verrons *Martin* et ses compagnons monter à l'arbre et se dresser sur les jambes de derrière. Les lourdauds sentent le petit pain de seigle. Allons, Martin et compagnie, sautez, dansez, montez à l'arbre...... oh! quel grondement..... les coquins mangeraient bien une demi-douzaine de petits enfans..... quel repas de roi ils auraient ! Mais il n'y a plus de danger.

Maintenant, voyez ce *dromadaire* ou

chameau à une bosse, et plus loin ce *chameau* à deux bosses. L'un et l'autre sont répandus dans l'Asie et dans l'Afrique, où les transports des marchandises se font à l'aide de ces animaux qu'on a, non sans raison, surnommés les *navires de terre.*

A cette masse énorme, vous reconnaissez l'*éléphant.* Celui-ci est encore jeune et n'a pas atteint sa taille prodigieuse. Croiriez-vous que cet animal puisse devancer un homme à la course. Sa *trompe* est remarquable par sa longueur. Il s'en sert très-adroitement ; des deux côtés de sa bouche, qui semble plutôt faire partie de la poitrine que de la tête, sortent obliquement deux longues dents, que l'on nomme *crocs* ou *défenses.* Cet animal est très-intelligent, susceptible de recon-

naissance, mais en même tems très-vin-
dicatif.

Dans la même enceinte que l'éléphant,
vous voyez aussi le *buffle* ou bœuf sauvage.

Mais nous voici en présence de la fa-
meuse *girafe*, animal doux, qui se laisse
conduire où l'on veut, par une petite
corde passée autour de sa tête, ne fait

aucun mal, ne se nourrit que d'herbes et de feuilles d'arbre qu'lle atteint à une très-grande hauteur. Elle n'a pas moins d'une vingtaine de pieds de longueur, du bout de la tête à la queue.......

Ah ! quelles clameurs !... Courons vite, les *singes* sont sortis !!! Les voyez-vous

sauter, grimper, gambader, se balancer...
Ils se poursuivent, ils se menacent, ils
se happent, ils se mordent ; sont-ils gail-
lards dans leur palais d'été, où comme
par enchantement on leur a prodigué
toutes les ressources de la gymnastique
qui leur plaît tant !

Cette scène bruyante me rappelle cer-
taine anecdote que j'ai mise en vers pour
que vous la graviez mieux dans votre
mémoire :

Que j'aime l'animal qui, par sa gentillesse,
Ses grimaces, ses bonds et sa brillante adresse,
Sait imiter en tout les mouvemens humains !
Ainsi que l'homme, il marche et se sert de deux
     mains.
Le père Caubasson raconte mainte histoire
Que, sans un tel témoin, nul n'aurait voulu croire,
Ce prêtre avait un singe agile, très-rusé,
Et qui, près de son maître, était souvent placé :

Aussi, quand l'homme saint se rendait à l'office,
Enfermait-il Joko si fécond en malice.
Un dimanche, pourtant, l'espiègle s'échappa,
Et, sans être aperçu, sur la chaire grimpa :
Le drôle s'y tint coi : mais à l'heure du prône,
Sur le dais on distingue une face bouffonne
Qui fait rire aux éclats le plus froid auditeur ;
Le père, surpris, tonne, en changeant de couleur :
Le singe gesticule, enflammé de colère,
Se démène en tous sens et fait ce qu'il voit faire :
Le scandale augmentait, quand le vieux sacristain
Signale au révérend le singe libertin :
Le bon père sourit, et conduit à la porte
Le muet orateur qu'un domestique emporte.

Avant d'arriver aux oiseaux, enfonçons-nous dans les nombreuses allées, où nous apercevrons les cerfs, les élans, les chamois, les chèvres d'Angora ou de Syrie, les lamas du Pérou, les hémiones si agréables à l'œil, etc.

Enfin voici le milan, le hibou, la

grande famille des aigles , les faisans ; l'autruche , qui tour à tour font retentir leurs cages de cris plus ou moins discordans.

Oh! quel bonheur ! le *paon* en ce moment fait sa roue et tourne gracieusement sur lui-même. Que son plumage est éblouissant !

Les canards barbotent à quelque distance de la vive sarcelle , de l'immobile héron , tandis que le cygne majestueux vogue au milieu du bassin.

La *grue,* le *bernache* ou oie d'Egypte, la *demoiselle de Numidie*, dont la tête se balance négligemment et laisse voir les belles plumes noires couchées à son sommet , l'*oiseau royal*, qui semble fier d'une superbe aigrette, méritent de fixer vos regards.

Maintenant dirigeons-nous du côté de l'ancienne habitation des singes , vers le bâtiment vitré par le bas, où résident les frileux *serpens*. Les *boas,* et surtout ceux qu'on a nommés *devins* , acquièrent une longueur de vingt, de quarante et même de cinquante pieds. Ces terribles reptiles dévorent jusqu'aux taureaux. Parmi les serpens d'Amérique , les *serpens à sonnettes* sont les plus redoutables.

En vous approchant un peu du vitrage, vous allez voir le *crocodile ,* assez semblable à un monstrueux lézard. Cet amphibie vous rappelle l'Egypte et ses superstitions.

Ces *papillons* aux vêtemens d'azur ,
d'or et d'émeraude, voltigeant de fleurs
en fleurs et les caressant tour à tour ,
nous invitent à respirer les doux parfums
qui s'exhalent de toutes parts.

Que les couleurs de ces fleurs sont
vives ! que leurs formes sont élégantes de
variétés ! Voyez ces tourne-sols aux larges feuilles, levant vers l'astre du jour
leurs têtes radiées ; voyez l'humble souci,
avec ses petits disques couronnés de cou-

leur d'or pâle comme son nom : puis ces capucines, qui laissent tomber de ce côté les lambeaux de leurs cônes décolorés. Ici, ces petites marguerites ; là, ces touffes de pensées bleues, nuées d'or. Comme elles s'élargissent à l'éclat d'un soleil pur, doux emblême du sentiment qu'épanouit un feu céleste ; elles durent tous les beaux jours de l'été. Plus loin, dans ce coin, où elles se cachent, ces petites pyramides odorantes, c'est le réséda, humble plante que l'on aime ; c'est le frère de la violette, de la violette suave, emblême de la modestie. C'est le bon roi Réné d'Anjou, ce Henri IV de la Provence, qui, le premier, a enrichi nos jardins de l'œillet et de la rose rouge ; nous lui devons aussi le raisin muscat. Ce roi, qui cultivait les jardins, la peinture et les

lettres, est auteur d'un ouvrage très-rare.
Les plus belles giroflées sont rouges ; elles
ont donné leur nom à la couleur qui les
pare, couleur qui le dispute en éclat à la
pourpre de Tyr. On voit aussi des giroflées blanches, violettes, panachées ;
mais, depuis que l'Amérique, l'Asie et
l'Afrique nous envoient leurs brillans
tributs, nous avons négligé la giroflée,
cette fille de nos climats, si chère à nos
bons aïeux. Le muguet aime le creux des
vallons, l'ombre des chênes, le bord des
ruisseaux ; dès les premiers jours de mai,
sés fleurs d'ivoire s'entr'ouvrent et versent
leurs parfums dans les airs. A ce signal,
le rossignol quitte nos haies et nos buis-
sons, va chercher la solitude pour y chan-
ter le retour du bonheur.

Grâce aux écriteaux, vous apprendrez

les propriétés, les dangers, l'utilité des plantes médicinales.

Le tilleul, sous l'ombrage duquel vous aimez tant à vous reposer, se couvre au printems d'une douce verdure, répand les plus douces odeurs, et prodigue aux jeunes abeilles le miel de ses fleurs. Tout est utile dans ce bel arbre. On boit l'infusion de ses fleurs, on file son écorce, on en fait des toiles, des cordes et des chapeaux. Les Grecs en faisaient du papier rejoint par lames, comme celui du papyrus. Le superbe maronnier, l'acacia, si léger, ont disputé un moment au tilleul sa place dans les avenues et les promenades publiques; mais rien ne saurait l'en bannir. Qu'il soit à jamais l'ornement des jardins du riche et le bienfaiteur du pauvre, auquel il donne des étoffes, des meubles, des chaussures. Vous connaissez la fable de *Philémon et Baucis :*

Baucis devient tilleul, Philémon devient chêne;

Je crois inutile de citer le nom du bon La Fontaine.

Au retour du printems, qu'on aime le lilas! Le pinceau d'un grand peintre tombe devant une grappe de lilas. La nature semble avoir pris plaisir à faire de chacune de ces grappes un massif dont toutes les parties étonnent par leur déli-catesse et leur variété.

Parmi les arbres étrangers qui ornent ce beau jardin , on remarque sur le labyrynthe le *cèdre* de Bernard de Jussieu ; qui l'apporta du mont Liban. Ce n'était pas une entreprise facile. En effet, l'équipage et les passagers du vaisseau sur lequel Bernard de Jussieu était, vinrent à manquer d'eau pendant la traversée. On avait mesuré à chacun sa part d'eau. Le rejeton du cèdre, contenu dans le chapeau de Jussieu, ne fut point admis au partage ; il souffrait beaucoup de cet oubli, inspiré par l'égoïsme ; il allait mourir : la France allait être privée du géant aux vastes rameaux toujours verts qui devaient ombrager tant de joyeuses générations. L'amour de la science le sauva. Jussieu partagea scrupuleusement, avec son cher trésor, le verre d'eau qu'il recevait. Le savant souffrit beaucoup de la soif, mais le faible rejeton survécut et toucha au port. C'était en 1735,

Ces merveilleux *pavillons de verre*
sont les serres de ce beau jardin. Elles
protègent une foule de plantes qui ap-
partiennent aux contrées les plus brû-
lantes du globe. Il en est pour qui le soleil le plus ardent de la France n'est pas
encore suffisant, et qui ne peuvent être

exposées au contact de l'air, même durant l'été le plus étouffant pour nous.

Allons maintenant visiter les grandes galeries où l'on voit tant de choses rares et curieuses.

Oh! c'est merveilleux, merveilleux, mes enfans!

La foule se presse dans l'escalier; suivons donc la foule et montons au premier étage.

Cette armoire, à droite, renferme l'*échidné*, l'*ornithorinque* et d'autres animaux de la grande île d'Australie, ou cinquième partie du monde.

Dans cette deuxième armoire, voici les *Kangourous*, les *Phasconomes-Vombat* et autres, qui ne se servent de leurs pattes de devant que pour prendre leur nourriture. Le plus remarquable de ces animaux est le *marcrocelide,* dont la tête ressemble à celle d'un rat, et se termine par un museau pointu et allongé.

Voilà d'autres animaux à peine gros comme des rats ou des souris ; les *hémiures,* les *didelphes,* etc.

La salle contiguë est consacrée aux mangeurs de fourmis ; le singulier quadrupède que vous apercevez à côté du *fourmilier-tamanoir* se nomme le *pangolin.* Cet autre, c'est le *cachicame* ou *tatou* à neuf bandes, revêtu, comme les tortues et les écrevisses, d'une croûte, au lieu de poil. Au dessus, vous voyez la collection des singes. On les croirait vivans et prêts à gambader.

La collection des lièvres, des lapins, est nombreuse et variée.

Le singulier animal que vous regardez

maintenant est le *porc-épic*, que la nature a pourvu d'armes terribles.

Nous voici maintenant en nombreuse compagnie de souris, de rats et de loirs de tous les climats, des gerboises et des hamsters.

Mais je vais vous faire voir des animaux plus industrieux et plus remarquables : les *castors !* Au mois de juin ou de juillet, ils se réunissent au nombre de deux ou trois cents pour cônstruire, au milieu des eaux, leurs curieuses habitations.

Passons à la cinquième armoire, qui ne renferme que des animaux à demi sauvages et nullement nuisibles.

L'écureuil, entre tous les petits animaux, est un des plus jolis, des plus agiles et des plus légers ; il saute d'arbre en arbre, aussi facilement que les oiseaux, et parcourt ainsi des forêts entières. Avec quelle grâce il porte à sa bouche, avec ses deux pieds de devant, ce qu'il mange. Car on dirait que ceux-ci sont vivans, tant leurs yeux sont vifs et pleins de feu.

Cet animal ne boit jamais : la rosée seule lui tient lieu de liquide ; il craint même beaucoup l'eau ; cependant, la nécessité l'a quelquefois contraint à traverser des rivières ; c'est alors qu'il déploie toute son industrie, peut-être même est-ce de lui que les hommes ont appris à naviguer. Il prend une écorce d'arbre assez large pour le contenir, il s'embarque dessus, et, à l'aide de sa queue, qui lui sert tantôt de voile, tantôt de gouverneil, il surgit heureusement au port.

Parmi les animaux à longue queue re-

levée que l'on place à côté de l'écureuil,
remarquez le *palmiste*, ou écureuil des
palmiers, et le *palatouche*, ou écureuil
volant.

Les deux armoires voisines contien-
nent toutes les espèces de chiens, depuis
le roquet jusqu'à l'infatigable compagnon
des sublimés religieux du Mont-Saint-
Bernard. Vous connaissez tous le dévoue-
ment de ces hommes pieux, qui passent
leur vie dans les plus dures privations,
au milieu de neiges éternelles.

Il n'y a que le christianisme, mes chers
enfans, qui puisse inspirer une telle cha-
rité.

Dans la huitième armoire, sont enfer-
més les *zibeths*, les *cynogales* et les *ge-
nettes*, ou chats de Turquie.

Les *mangoustes*, en Egypte, rendent

les mêmes services que les chats en Europe.

Voici le *tigre royal*, le *léopard* et l'*once*, que nous n'avons pu voir vivans. Ils sont doués de la plus grande férocité. Admirez leurs belles fourrures. La peau du tigre, qui passe pour le plus cruel, est marquée de bandes longues et larges, semblables à des anneaux blancs et noirs. Le léopard et l'once ne sont que mouchetés.

Le *chat* n'est-il pas un diminutif du *tigre* ?

Cet animal, aux yeux vifs et perçans, c'est le *lynx*, qui, selon les anciens, voyait au travers des murailles.

Les *fouines* ont-elles une physionomie fine, l'œil fixe, le saut léger ?

Les *putois*, comme les fouines, sont la terreur des poulaillers.

Les *hermines* sont très-communes en Russie, en Norwége, en Laponie, et leurs fourrures sont estimées.

Mais laissons les *belettes*, les *blaireaux*, les *furets*, les *loutres*, même les *martres*, pour examiner les collections d'oiseaux.

D'abord, ce sont des *colombes* variées à l'infini, des *tourterelles* de toutes couleurs, des *pigeons*, dont les espèces sont si multipliées. Les *alouettes*, au chant matinal, les *bouvreuils* excitent moins votre curiosité que les oiseaux étrangers.

Le tems presse, hâtons-nous de regarder la *veuve en feu* et la nombreuse variété des *cassiques*.

La sixième armoire renferme des *traquets*, que leurs mouvemens vifs et continuels ont fait comparer à un traquet de moulin.

Que dites-vous des *colibris* et des *oi-seaux-mouches?* La toute-puissance de Dieu n'éclate-t-elle pas tout entière dans cette miniature? Les métaux, les rubis, les topazes sont-ils comparables à ce bijou?

Il y a une trentaine d'espèces d'oiseaux-mouches, qui ont presque toutes pris leur nom des pierres précieuses dont les couleurs brillent sur le plumage de ces légers favoris de la nature.

Quittons ces galeries magiques, et visitons les habitans de la mer et des fleuves.

Cet énorme poisson, devant lequel vous vous arrêtez, est le *requin*, non moins féroce que vorace, et qu'on a surnommé le *tigre des mers*. Pendant les tempêtes, il menace de sa gueule énorme et dévorante les infortunés navigateurs. Aussi a-t-il reçu le lugubre nom de *requiem,* dont, par corruption, on a fait *requin.*

Parmi les *raies,* il en est une que vous connaissez sans doute. Elle a reçu de la nature la faculté de faire éprouver un engourdissement au bras de celui qui la touche. On l'appelle *torpille.* Petite, faible, indolente, elle n'a point d'autre défense.

Quel nom donner à cette masse de cent soixante, et quelquefois de deux cents pieds de long? L'éléphant même ne peut être comparé à la *baleine.* Vue de loin, on pourrait la prendre pour une île flottante.

Dans l'*autruche,* le *casoar* et le *mandou,* on voit le passage des oiseaux aux quadrupèdes; dans les amphibies, on voit celui des quadrupèdes aux poissons.

Enfin voici le *cheval*. Il est connu de tout le monde par la beauté de sa taille, la docilité de son caractère, et l'utilité infinie dont il est à l'homme. En sortant des mains de la nature, il est jaloux de sa liberté, fier de son indépendance, pétulant, mais sociable. C'est, dit Buffon, la plus belle conquête que l'homme ait jamais faite. Dans les combats, il est courageux et plein de feu ; il partage avec lui les fatigues de la guerre ; il court à la victoire. On le mène à la chasse, on l'emploie aux tournois ; à la course, il brille et il étincelle.

Après le cheval, si utile et si beau, il faut, mes enfans, rendre justice à l'*âne*, qui ne mérite nullement le mépris qu'on semble lui porter. Il nous est d'un grand secours, à cause de sa patience et de toutes ses bonnes qualités.

Le *bœuf* est paisible, et semble méconnaître sa force pour se plier à la volonté de l'homme. Il est le domestique le plus utile de la ferme, le soutien du ménage champêtre.

Le produit de la *vache* est un bien qui croît et se renouvelle chaque jour.

Nous devons aux vaches une autre reconnaissance ; en procurant la découverte de la vaccine, elles nous ont mis à l'abri des attaques de la plus funeste des maladies..... la petite-vérole ! ! !

Bénissez, ô mes enfans ! bénissez la Providence. Plus on étudie ses œuvres, plus on sait apprécier ses nombreux bienfaits.

Mlle CLARA FILLEUL DE PÉTIGNY.

De l'Imprimerie de PILLET aîné, rue des Gr.-Augustins, 7.

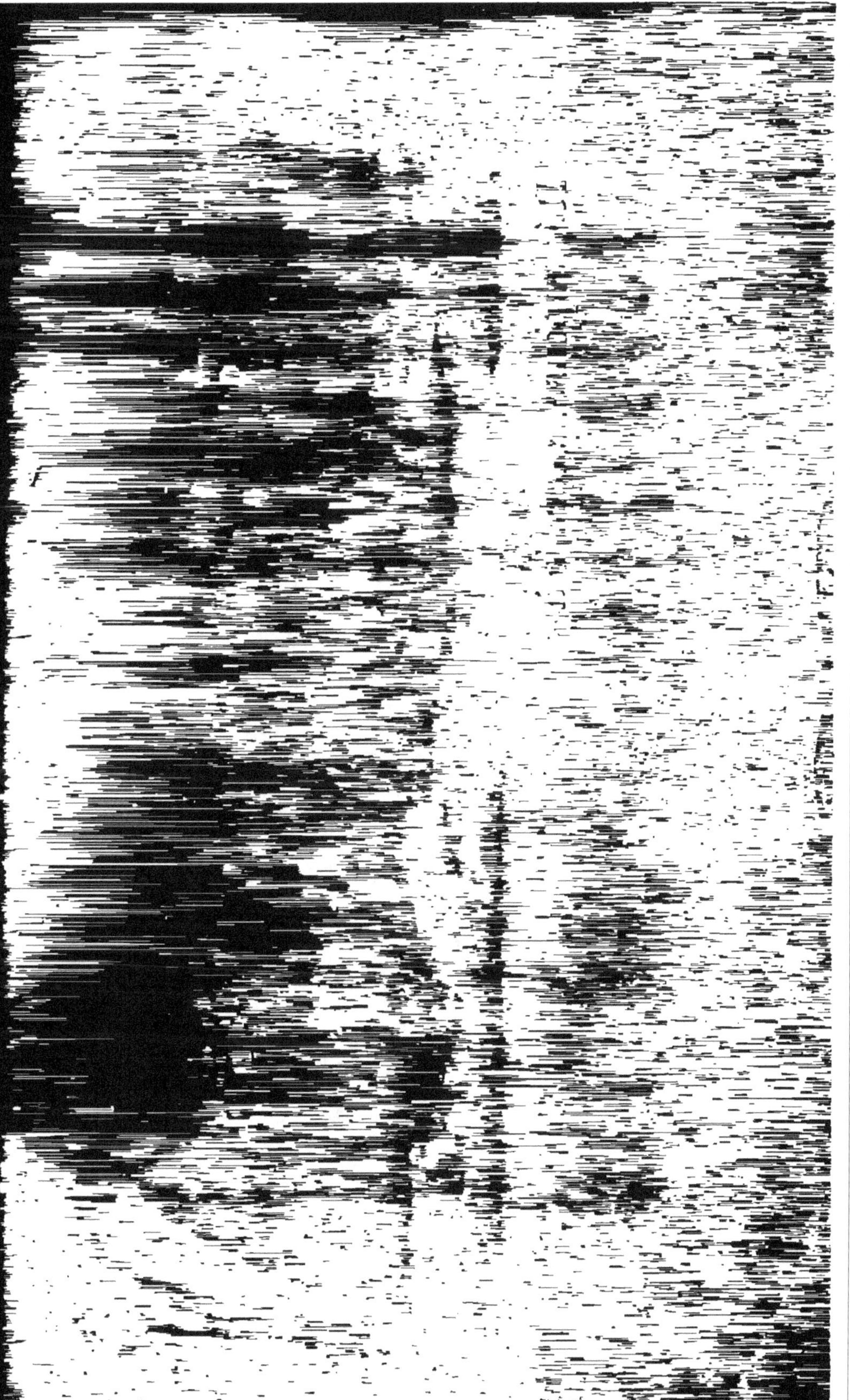

Récompense accordée à.